U0178933

不一样的植物

蓝灯童画 著绘

读者出版传媒股份有限公司
甘肃科学技术出版社

芦苇大多生长在沼泽或江边，它们植株高大，能长到 3 米多。

人们通常把生长在水中的植物称为水生植物。

它们大多是出色的“潜水员”。

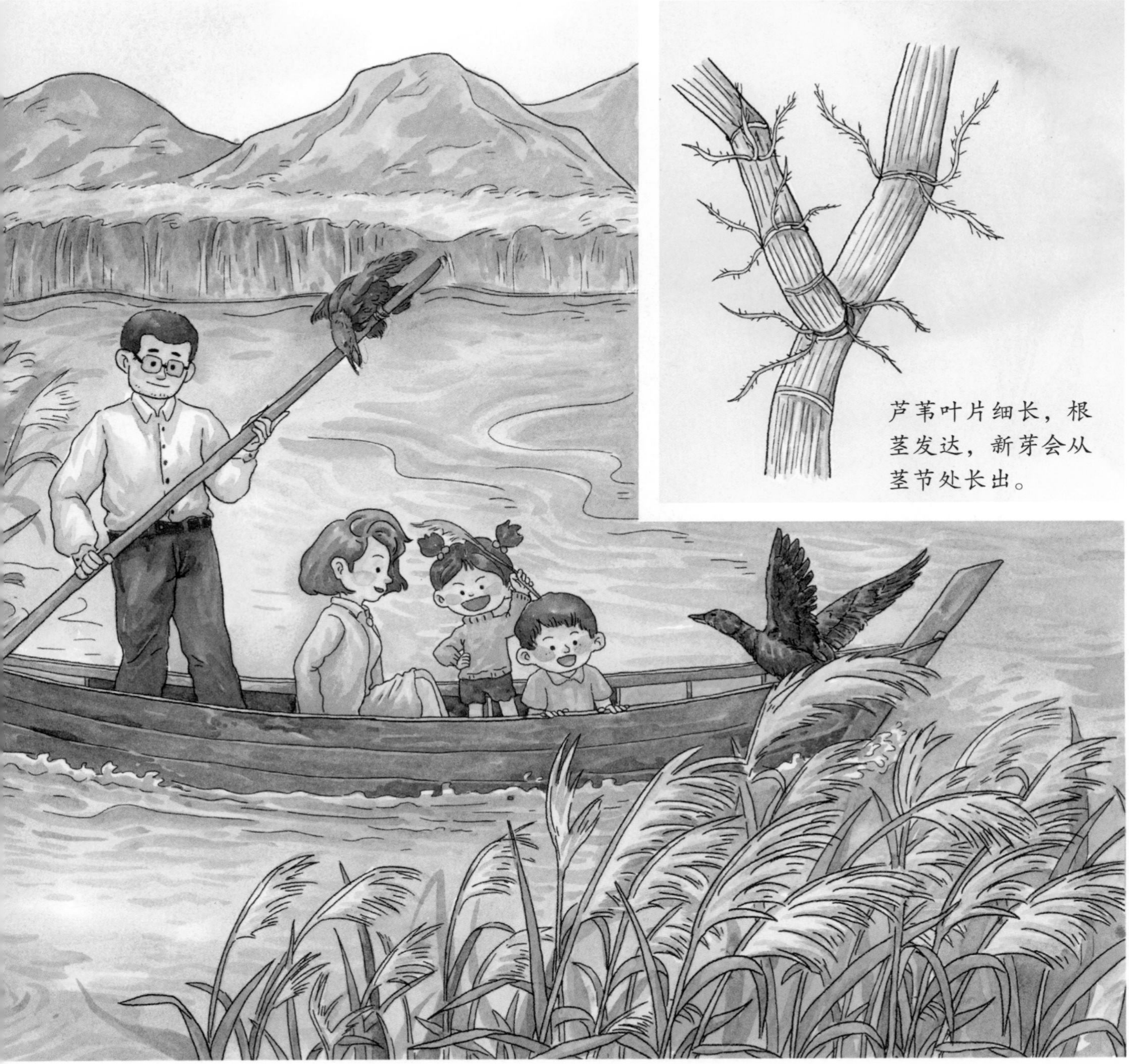

芦苇叶片细长，根茎发达，新芽会从茎节处长出。

有些植物喜欢把“脚”泡在水里，把“身子”露在水面上，比如芦苇。

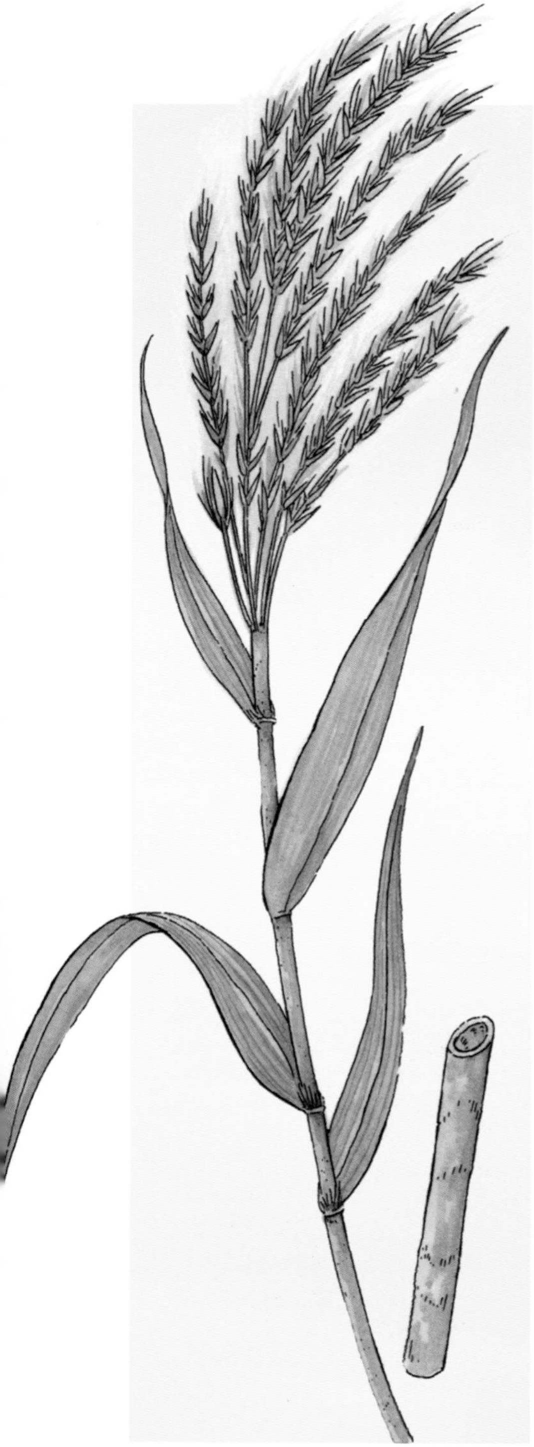

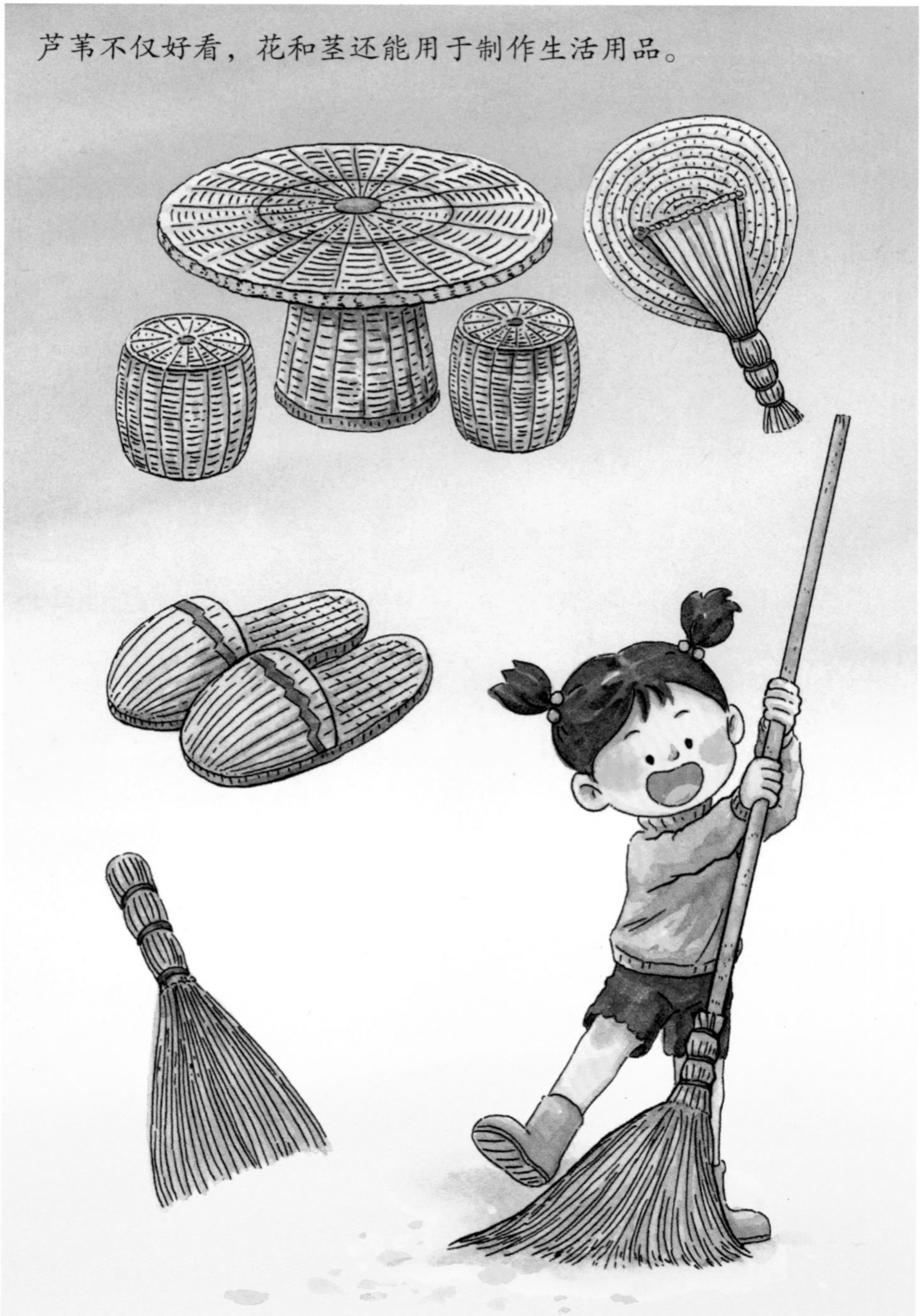

芦苇不仅好看，花和茎还能用于制作生活用品。

芦苇茎部中空笔直，到了夏季，茎端会长出黄色的花穗。

荻的花穗长有
白色细毛。
荻的叶面扁平，中间的叶脉呈白色。

荻的外形与芦苇非常相似。

相较于芦苇，荻的叶片边缘十分锋利。

雄花穗位于花序顶端，
在散完花粉后便会脱落。
雌花穗在雄花穗下方，
它们会逐渐长成烤肠状的果实。

香蒲的茎叶从淤泥里长出，它们外形高大挺拔，一般在夏季抽出穗状花序。

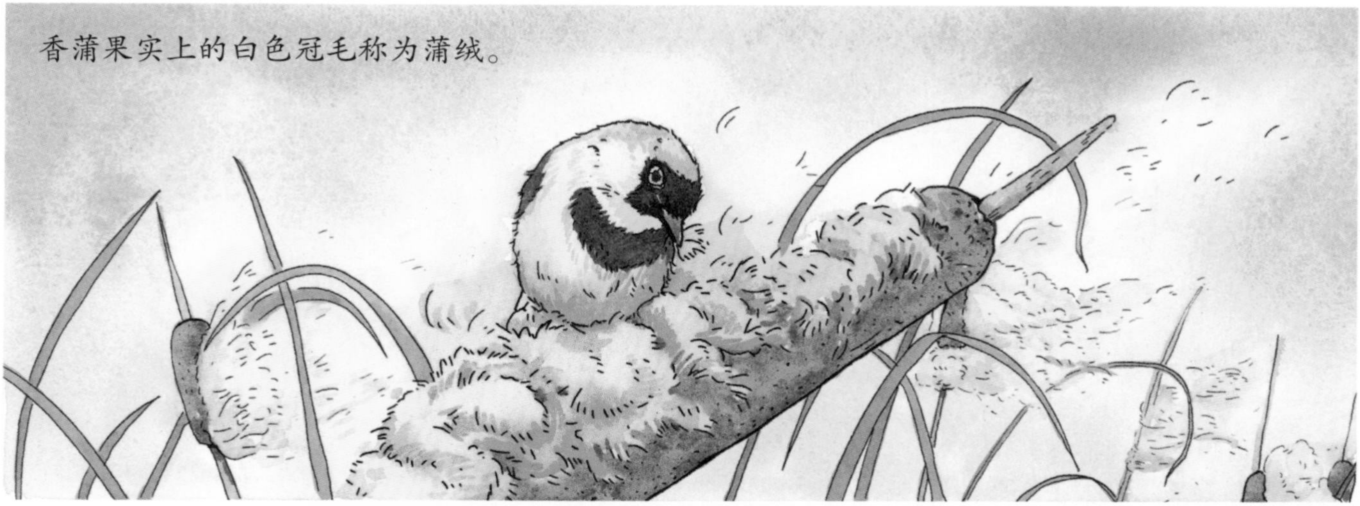

香蒲果实上的白色冠毛称为蒲绒。

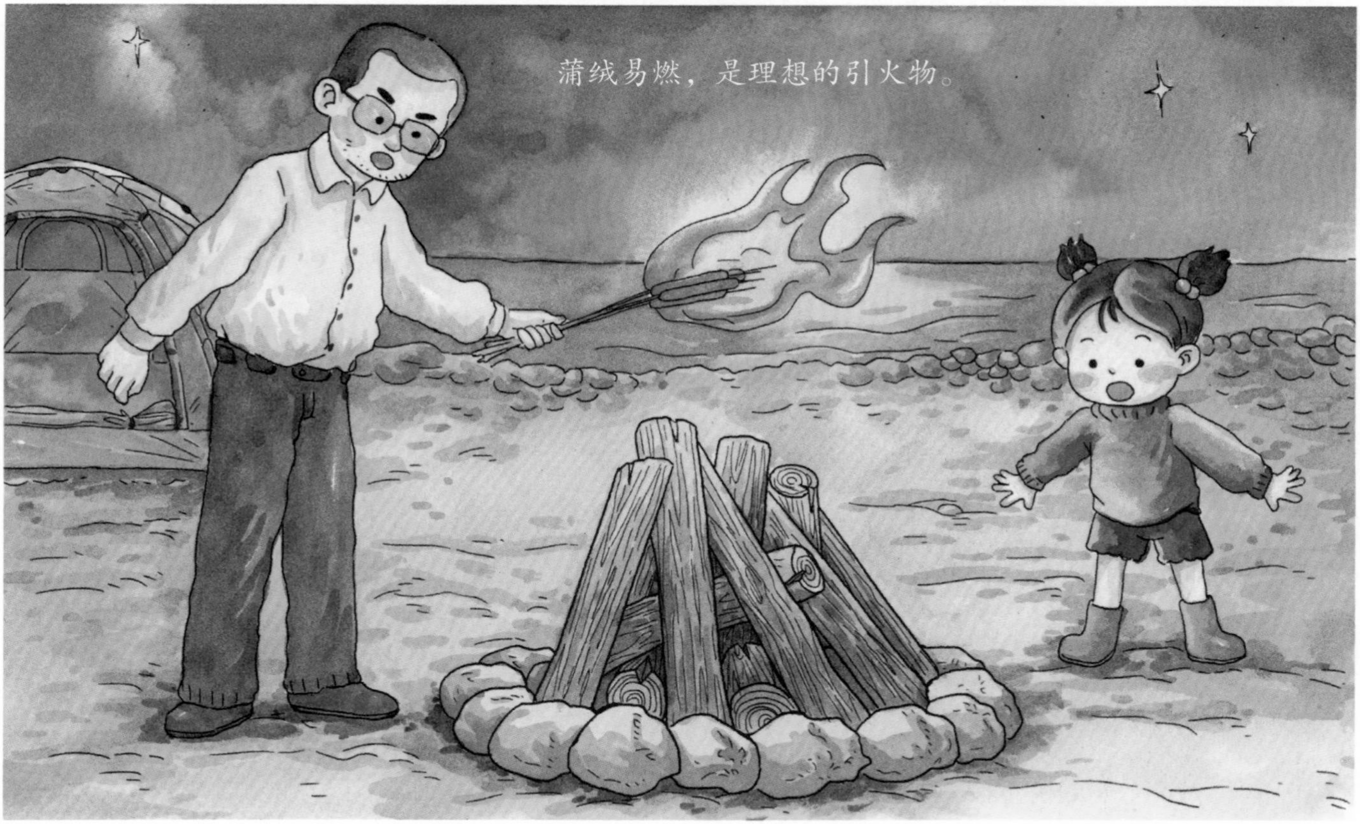

蒲绒易燃，是理想的引火物。

秋天，香蒲的果实成熟了，微风一吹，种子便四处飘散。

荸荠叶子退化，它们的秆
像小圆柱一样直立向上。
球茎就长在匍
匐根状茎上。
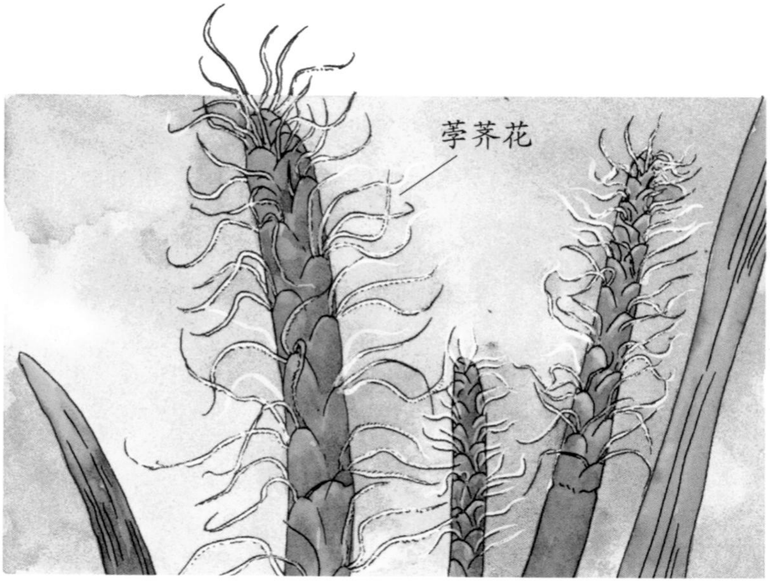
荸荠花

荸荠又称马蹄，一般生长在池塘、沼泽中。

它们球茎壮硕，是一种甜脆可口的食物。

纸莎草植株高大，
茎部呈三棱形。

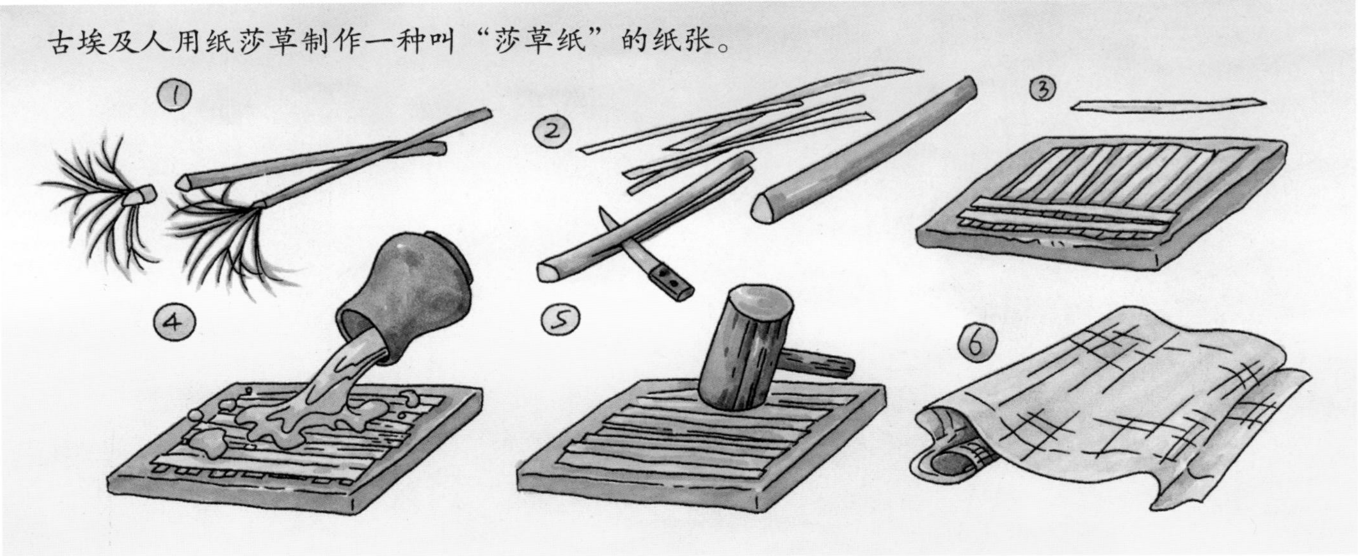

古埃及人用纸莎草制作一种叫“莎草纸”的纸张。
①
②
③
④
⑤
⑥

纸莎草根部发达，能将植株牢牢地固定在泥土中。

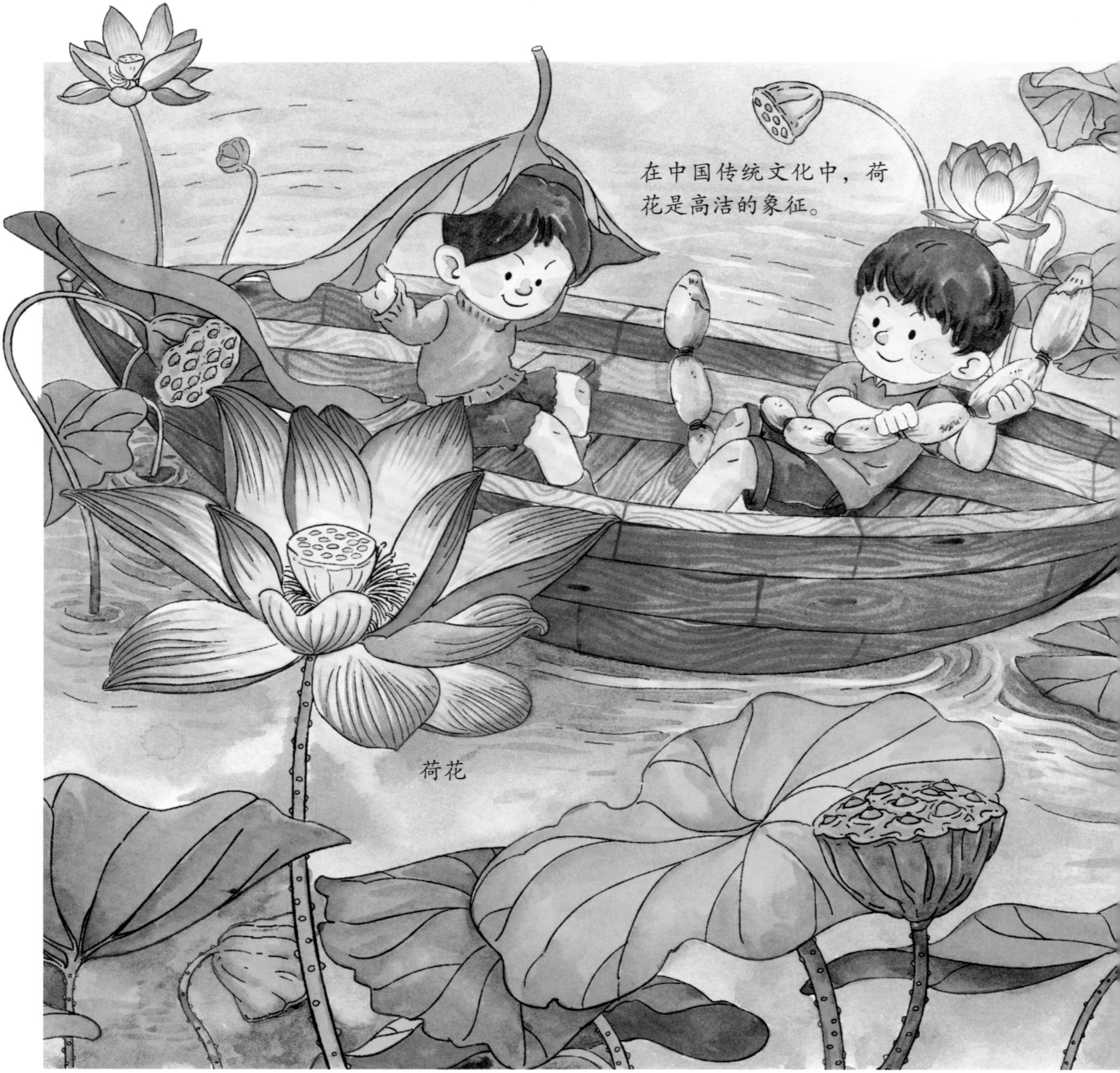

在中国传统文化中，荷花是高洁的象征。
荷花

荷花的花和叶高高伸出水面。

睡莲则喜欢“平躺”在水面上。

睡莲
睡莲叶子上的 V 型缺口能迅速
排水，起到保护叶片的作用。

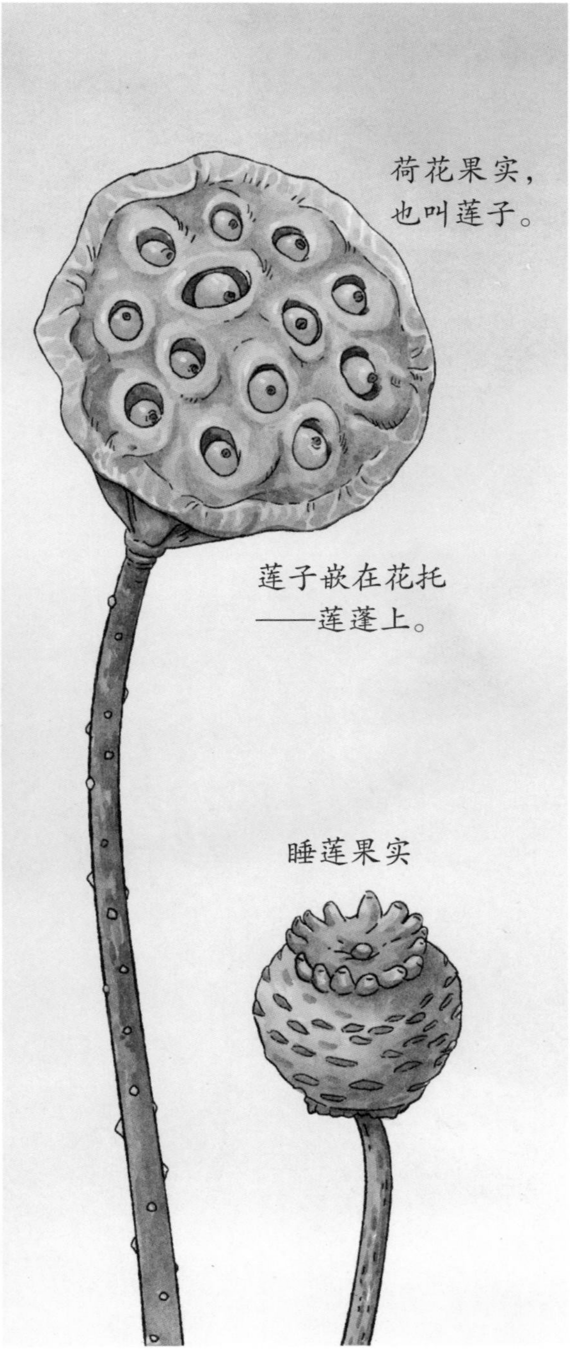
荷花果实，
也叫莲子。
莲子嵌在花托
——莲蓬上。
睡莲果实

荷花又称莲花，其外形和睡莲颇为相似。
市场上常见的藕其实是荷花的根状茎。

睡莲花朵只在白天绽放。

睡莲在夜间就会闭合花瓣，直到第二天清晨才再次打开。

睡莲的花朵会在夜间“睡觉”，这种昼开夜合的特性有助于它们保温、保湿。

一片王莲叶能负重
70 千克左右。
王莲的叶脉像钢梁一样，纵横交错在一起，
十分结实。
叶背面

王莲是水中的巨人，它们具有世界上水生植物中最大的叶片，直径可达 3 米。

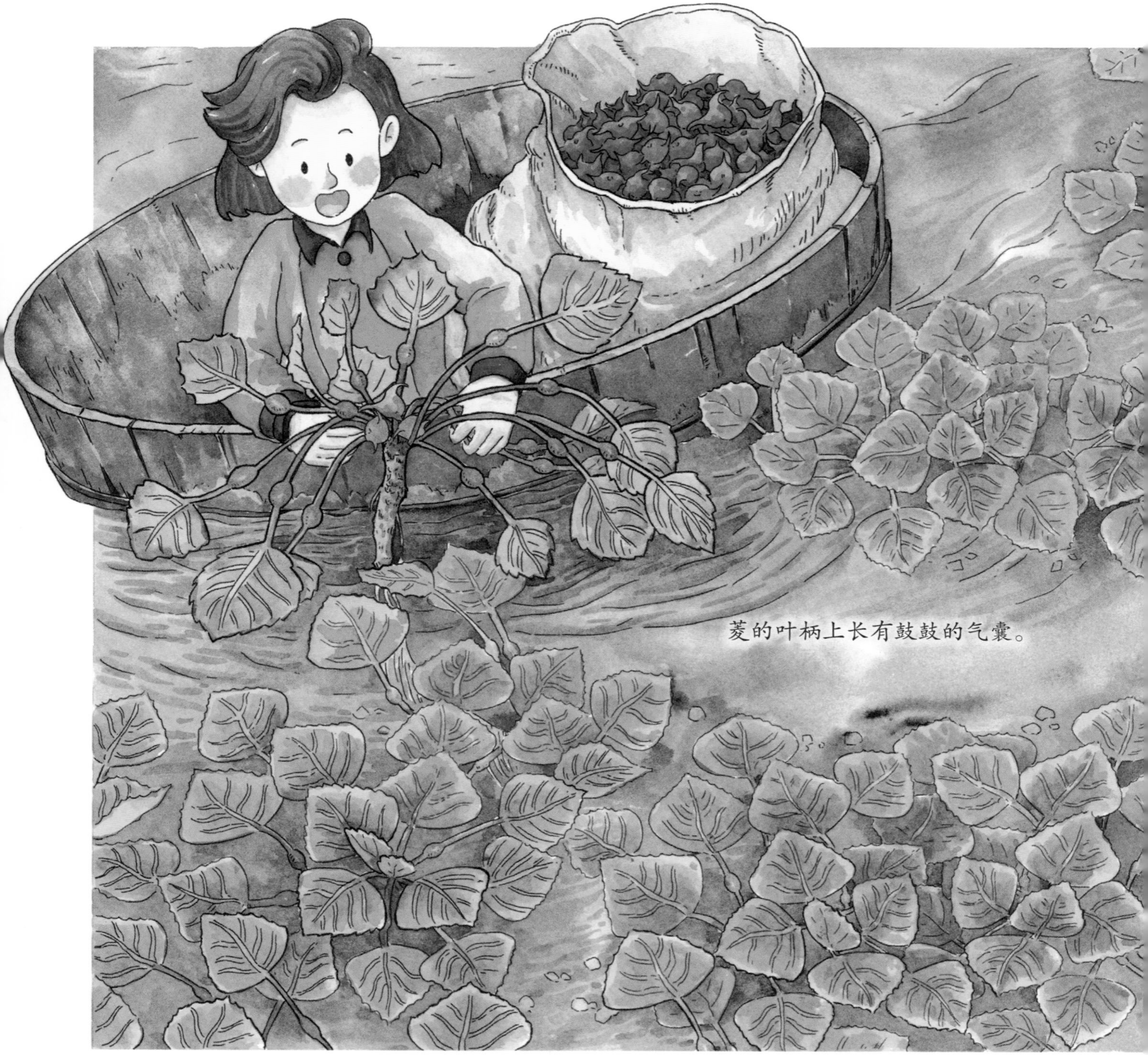
菱的叶柄上长有鼓鼓的气囊。

菱的根长在水底，叶子浮在水面上，呈菱形。

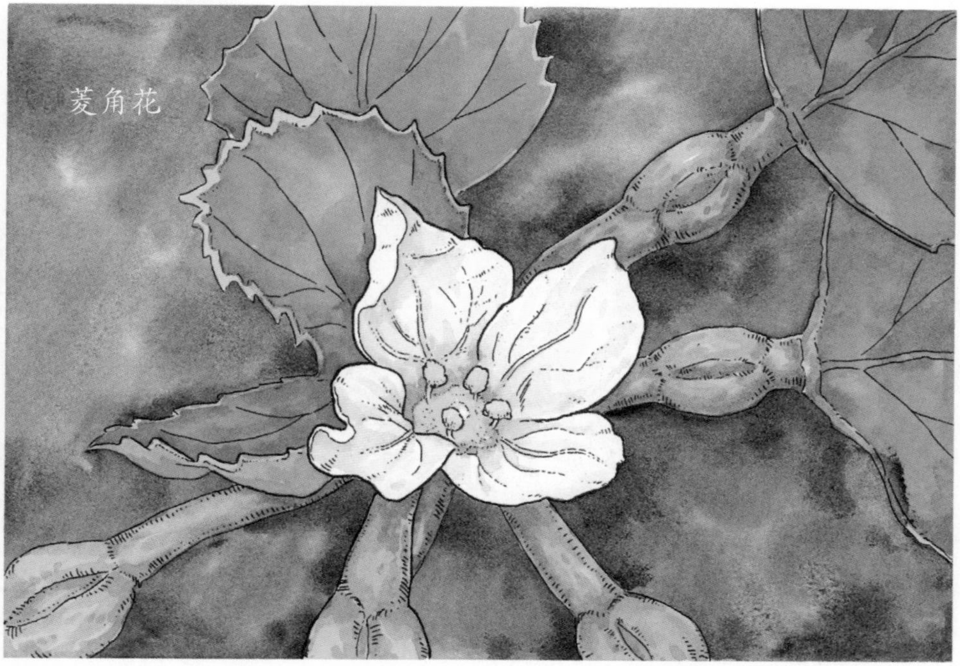

菱角花

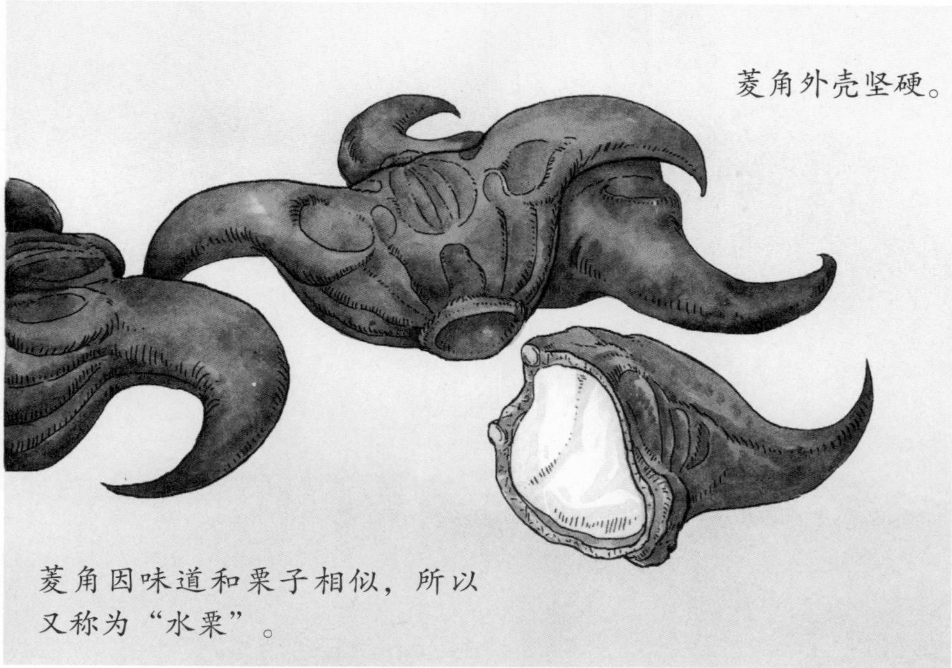

菱角外壳坚硬。
菱角因味道和栗子相似，所以又称为“水栗”。

在夏季，菱会开出白色的花朵。

菱角是菱的果实，它们两头尖尖的，在水中生长成熟。

《诗经·关雎》也曾
提到这种植物："参
差荇菜，左右流之。
窈窕淑女，寤寐求之。"

荇菜花朵金灿灿的，花瓣边缘呈须状，
一般在夏季绽放。

荇菜叶子

荇菜的根部深扎在水底泥土中，叶子浮在水面上，像一个个缺角的圆盘。

鼓鼓的气囊既有助于产生浮力，
让植株浮在水面上，又能储存
植物生长所需的空气。
夏末，水鳖花
梗上会开出白
色的花朵。

有些植物能全株在水面上漂浮，例如水鳖。

水鳖的叶子翠绿光滑，呈心形或圆形。叶子背面长有隆起的气囊，看上去就像鳖的背部。

紫萍只有指甲盖那么大，浮萍比紫萍还小。

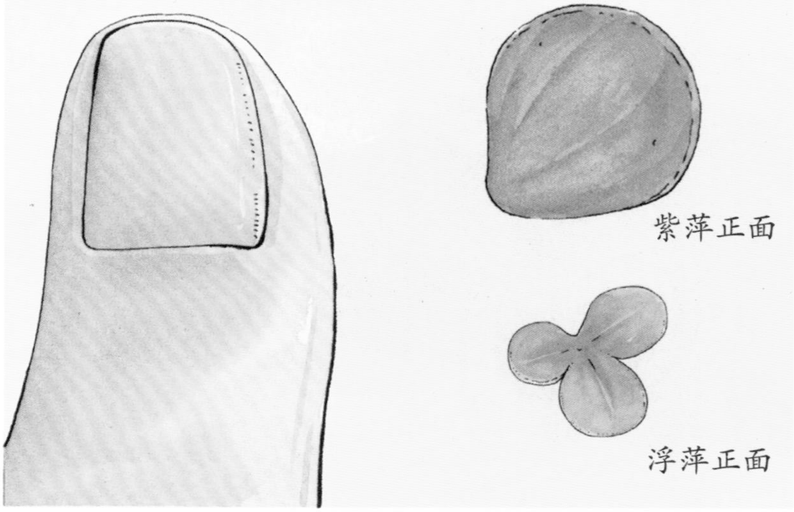

浮萍又称青萍，它和紫萍不一样，背面呈绿色，且只有一条根。

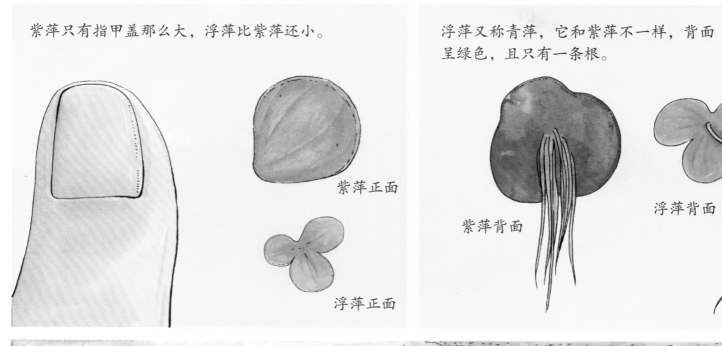

紫萍和浮萍的植株小小的，密密麻麻连成一片。

浮萍和紫萍的根都悬垂在水里，漂浮生长。

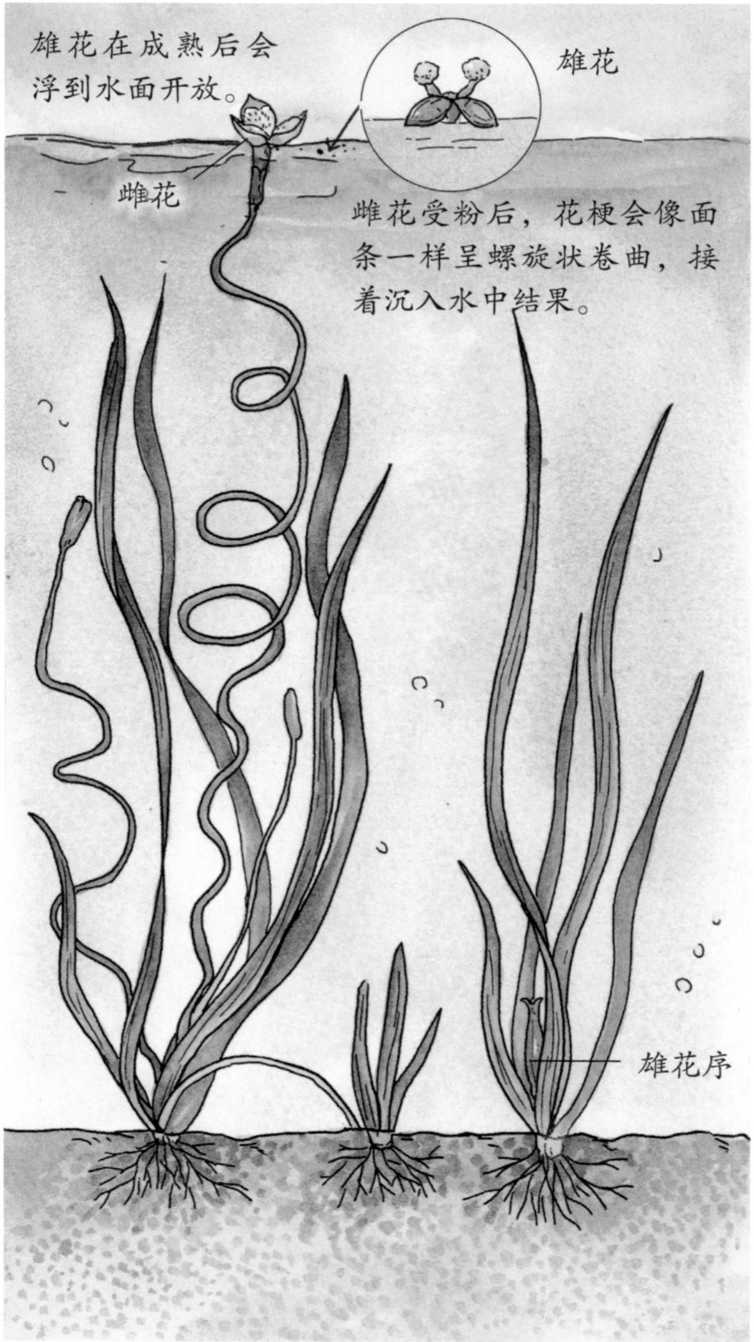
雄花在成熟后会
浮到水面开放。
雄花
雌花
雌花受粉后，花梗会像面
条一样呈螺旋状卷曲，接
着沉入水中结果。
雄花序

雄花花粉通过水流四散传播。
授粉中

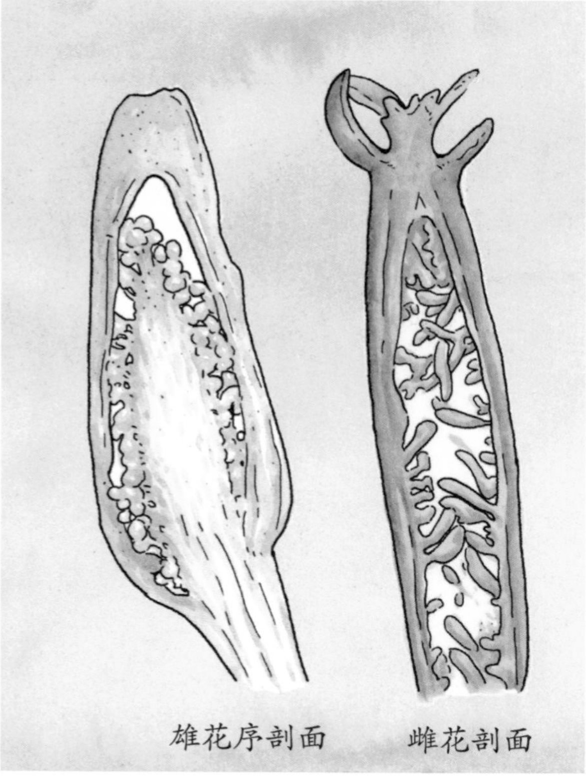
雄花序剖面
雌花剖面

还有些植物热衷“潜水”，喜欢把身子全部沉入水里，比如苦草。

狸藻的花朵开在水面上。
狸藻会利用捕虫囊捕捉虫子。

狸藻捕虫过程：

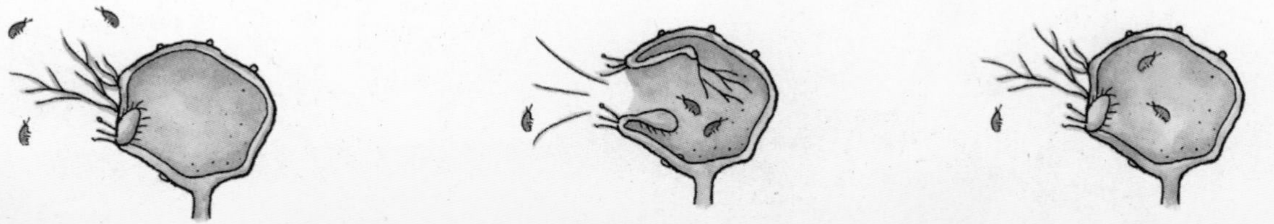

虫子触碰捕虫囊口的纤毛。　打开盖子，把虫子“吸”进去。　关闭盖子，消化猎物。

狸藻多见于湖泊、湿地或水田中。

它们叶子细细的，没有根，植株上还长着小口袋似的捕虫囊。

金鱼藻叶片细长呈
线状，上面有刺状
小齿，看上去像松
针一样。
黑藻生命力很强，它们断掉的
茎会沉至水底，再次扎根。

黑藻和金鱼藻的茎和叶都在水下生长。

虽然名字中带有“藻”字，但和狸藻一样，它们都不是藻类。

有的藻类特别小，只有通过显微镜才能看到。

有些海藻没有真正的根、茎、叶或花，它们是一种名为“藻类”的特殊生物。

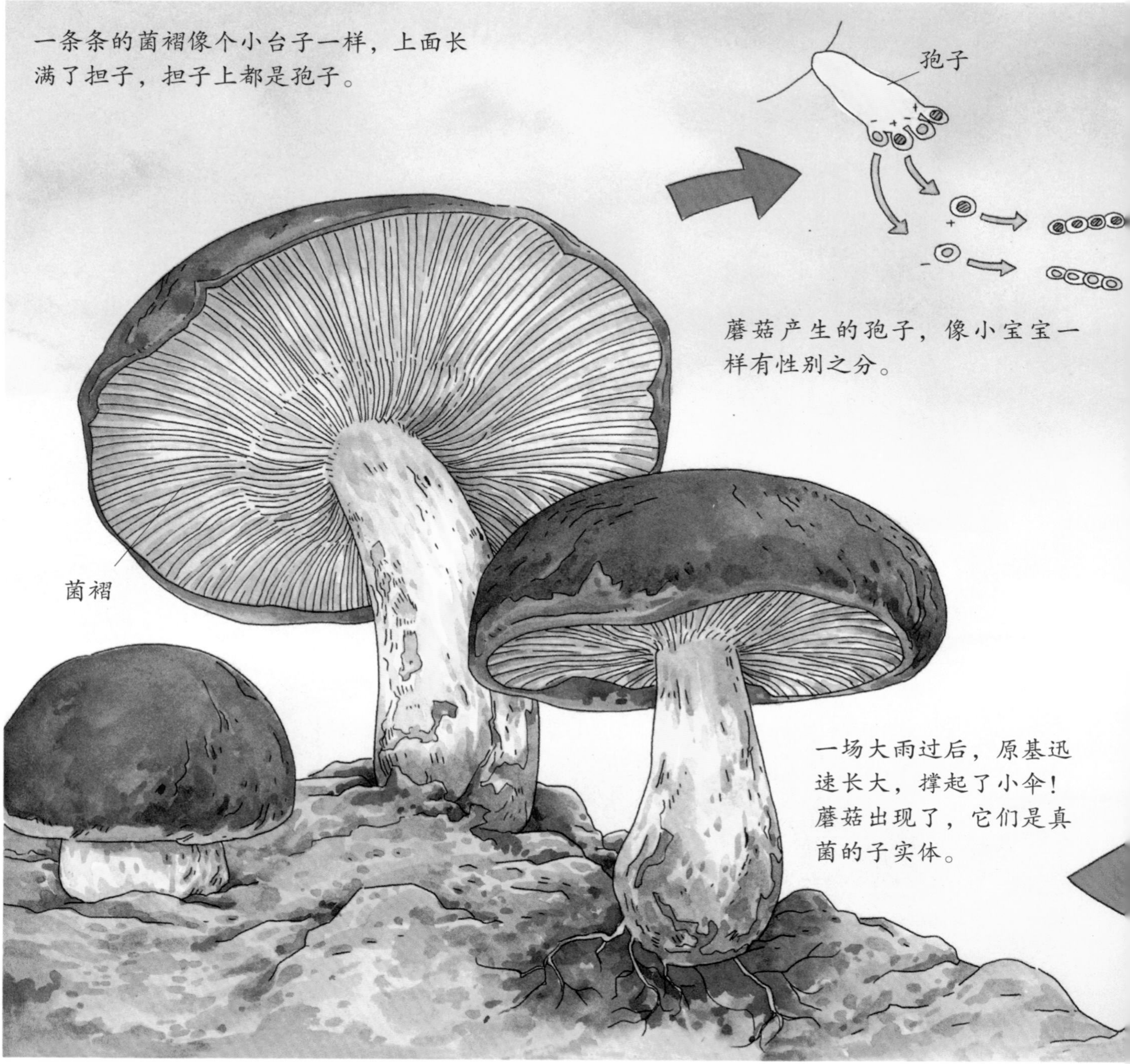
一条条的菌褶像个小台子一样，上面长
满了担子，担子上都是孢子。
孢子
蘑菇产生的孢子，像小宝宝一
样有性别之分。
菌褶
一场大雨过后，原基迅
速长大，撑起了小伞！
蘑菇出现了，它们是真
菌的子实体。

你见过雨后草丛中突然出现的一朵朵小伞吗？

它们是植物吗？它们开花吗？它们有没有种子呢？

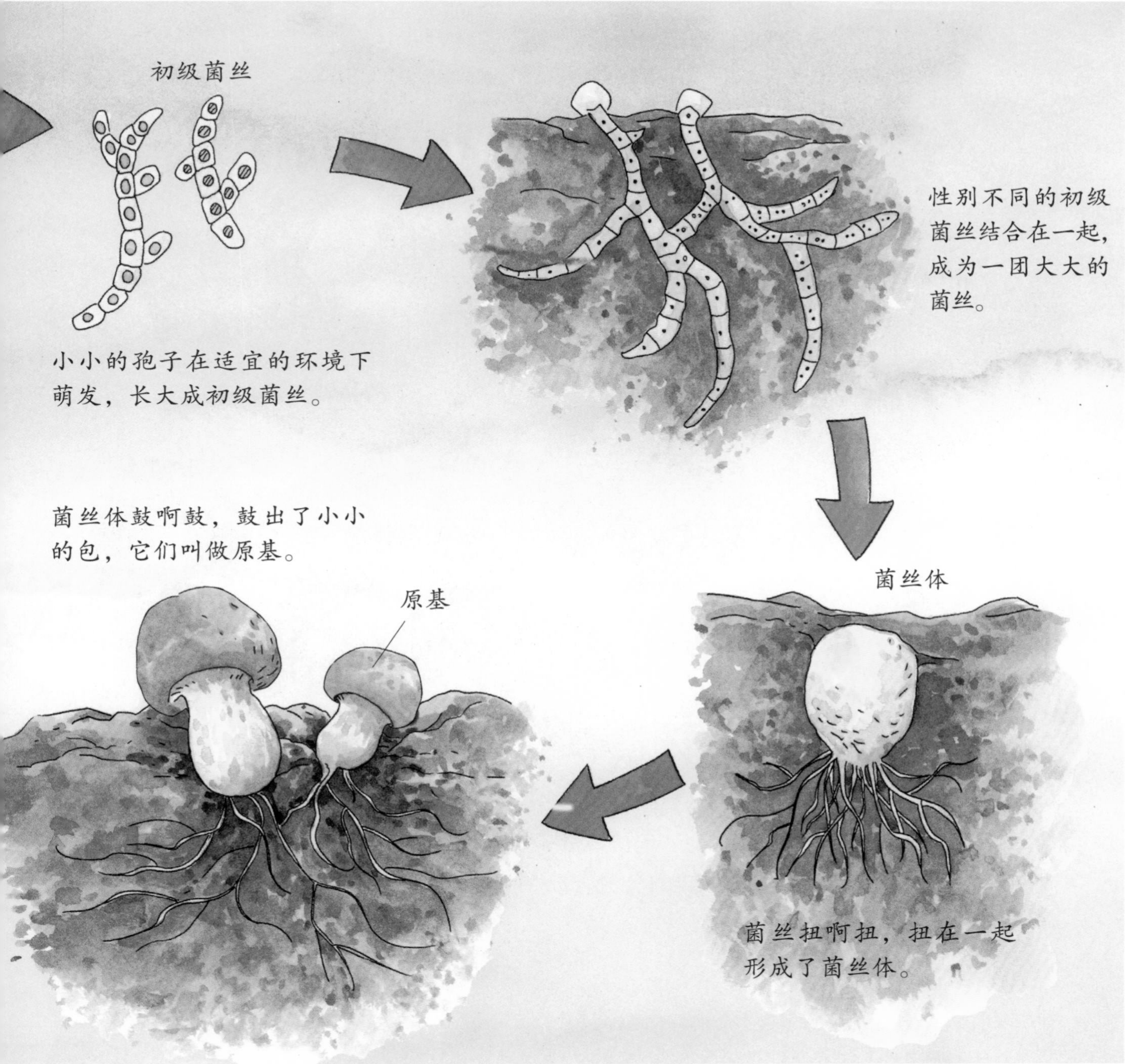

初级菌丝
小小的孢子在适宜的环境下萌发，长大成初级菌丝。
性别不同的初级菌丝结合在一起，成为一团大大的菌丝。
菌丝体
菌丝扭啊扭，扭在一起形成了菌丝体。
菌丝体鼓啊鼓，鼓出了小小的包，它们叫做原基。
原基

蘑菇长得像植物，但没有叶绿体；它们“进食”方式像动物，但是又不会动。它们其实是真菌——世界上最古老的有机生命形式之一。

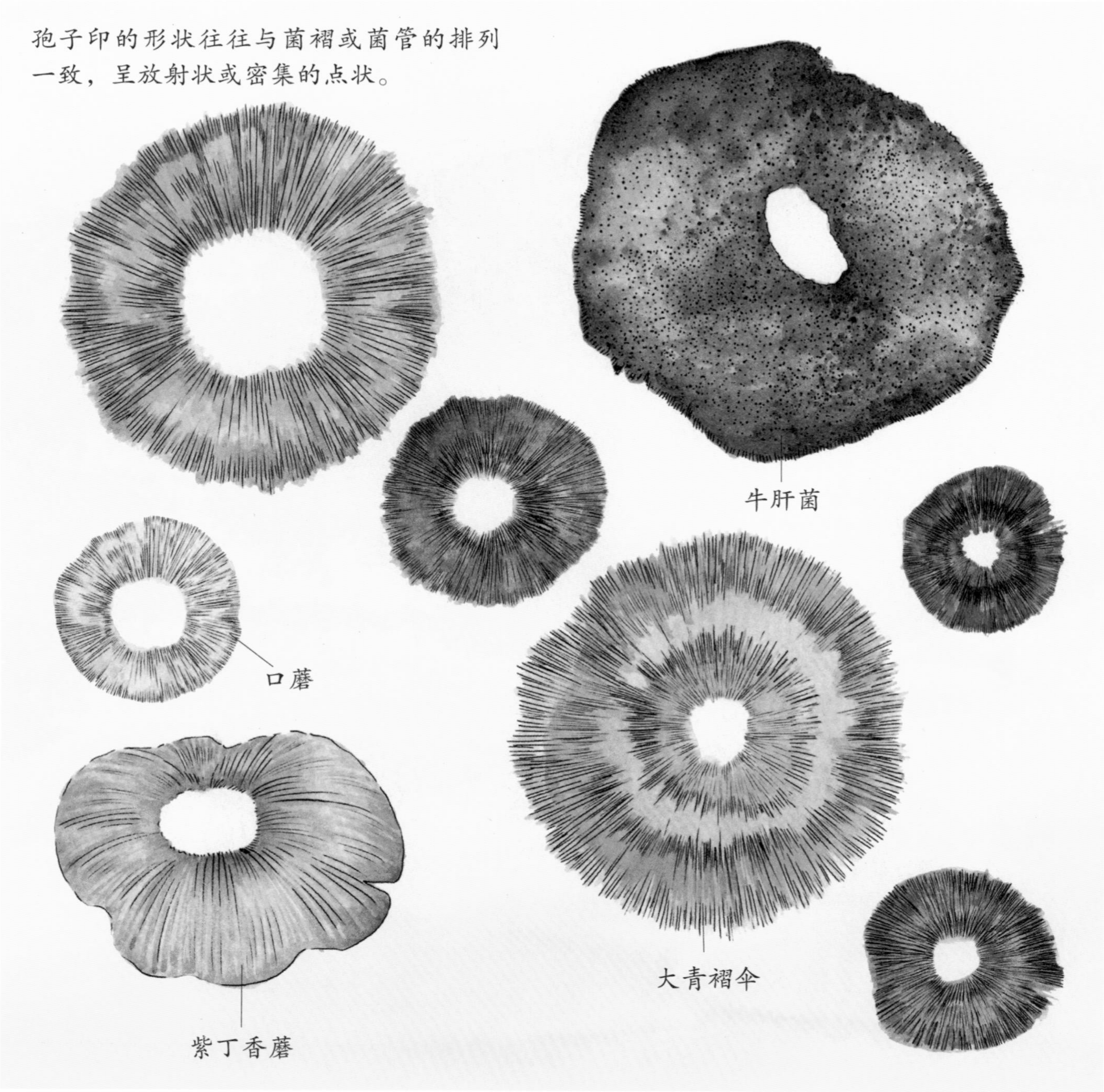
孢子印的形状往往与菌褶或菌管的排列一致，呈放射状或密集的点状。
牛肝菌
口蘑
大青褶伞
紫丁香蘑

蘑菇的孢子是它们繁衍后代的秘密“武器”。孢子很小，很难观察，好在数量十分巨大，我们可以通过孢子印来观察它们不同的颜色。

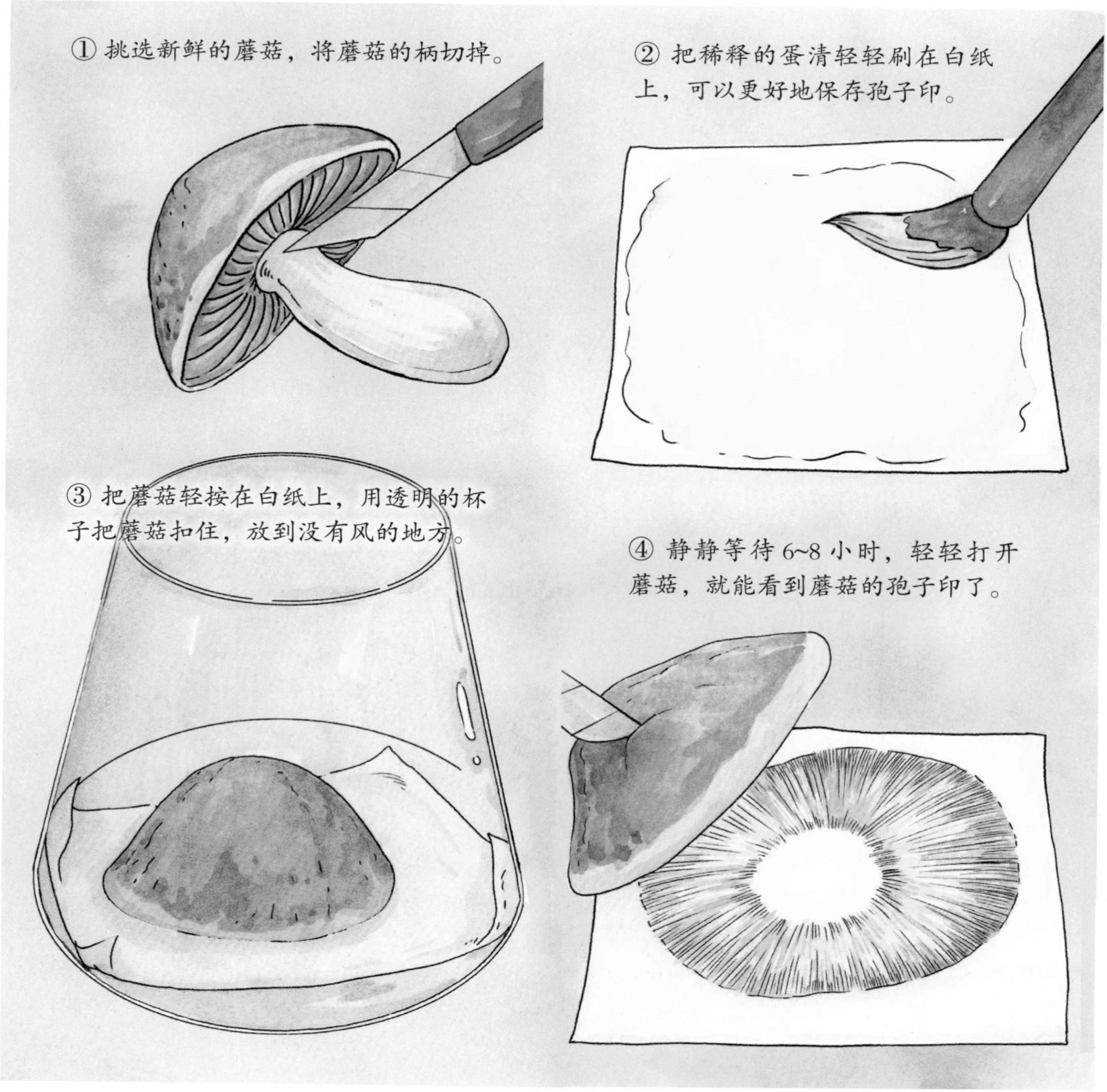

① 挑选新鲜的蘑菇，将蘑菇的柄切掉。
② 把稀释的蛋清轻轻刷在白纸上，可以更好地保存孢子印。
③ 把蘑菇轻按在白纸上，用透明的杯子把蘑菇扣住，放到没有风的地方。
④ 静静等待6~8小时，轻轻打开蘑菇，就能看到蘑菇的孢子印了。

制作孢子印需要耐心，如果一次不成功，就多试几次。多吃几天蘑菇，总会成功的！

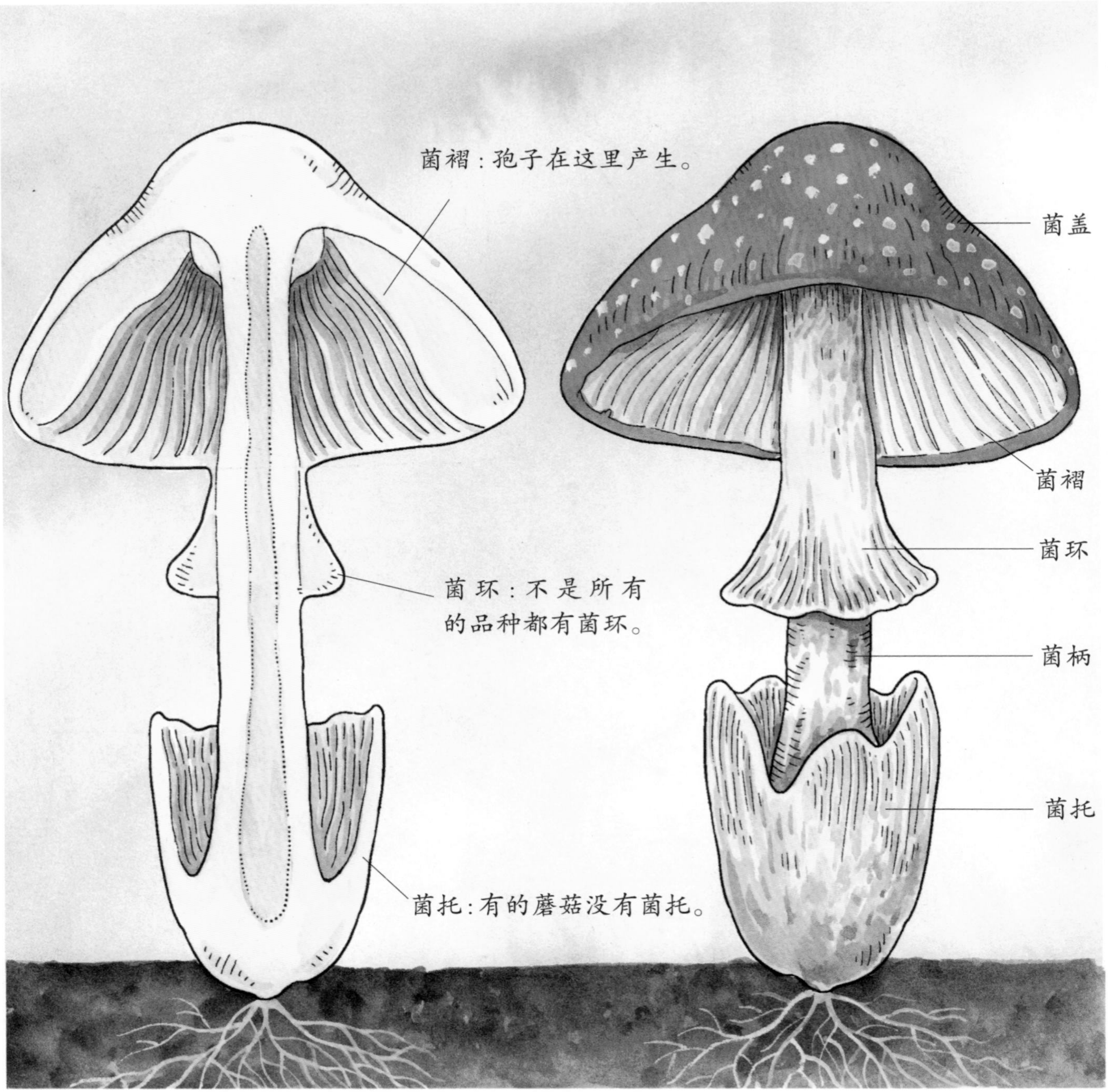

菌褶：孢子在这里产生。
菌环：不是所有的品种都有菌环。
菌托：有的蘑菇没有菌托。
菌盖
菌褶
菌环
菌柄
菌托

蘑菇的品种成千上万，样子也千奇百怪。我们来看看常见的打着小伞的蘑菇，它们的各个部位都叫什么吧！

白蘑菇又叫口蘑，是生长在内蒙古草原上的一
种白色伞菌属的野生蘑菇。
在草原上，野生的口蘑一般生
长在有羊骨或者羊粪的地方。

口蘑香味浓郁，口感鲜美，营养丰富，素有“草原明珠，蘑菇之王”的美誉。

干香菇比新鲜的香菇更有营养价值，味道也更香醇。
香菇属于腐生性真菌，只能吸收现成的营养，所以通常生长在腐木上。

香菇因为有独特的香气，而称为香菇，在中国已经有 800 多年的栽培历史了。

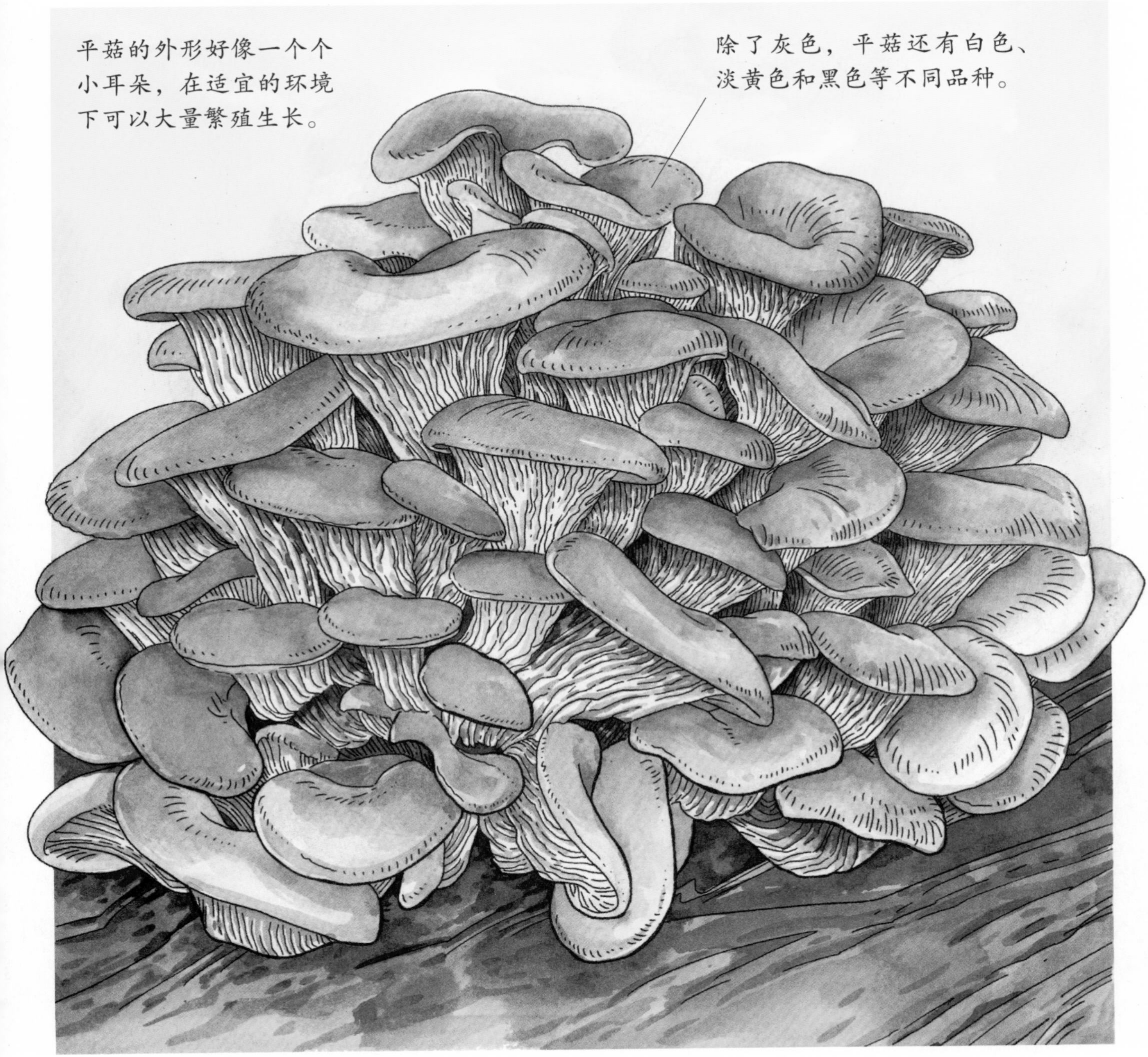

平菇的外形好像一个个小耳朵，在适宜的环境下可以大量繁殖生长。
除了灰色，平菇还有白色、淡黄色和黑色等不同品种。

灰色的平菇属于侧耳科，是最常见的食用菌之一。

金针菇有较高的营养价值。
金针菇植株含有金针菇多糖。

菌柄颜色上浅下深，淡黄色“小伞”尚未全部打开的金针菇更嫩，更好吃。

见手青种类非常多，它们是一类
“伤口”会变色的牛肝菌的统称。
有的见手青是有毒的。

之所以叫见手青，是因为它们被压伤或者被手触碰后会变成靛蓝色。

竹荪香味浓郁，营养丰富，自古就被列为“草八珍”之一。
竹荪是寄生在枯竹根部的菌类，它们的菌柄顶端有一圈细致、洁白，从菌盖向下铺开的网状裙。

好漂亮！竹林中居然还藏着穿婚纱的小精灵！

它们是谁呢？

灰花纹鹅膏菌有剧毒，误食后会损害肝脏和肾脏。
一朵小小的灰花纹鹅膏菌就能毒死一个成年人。

长相平淡无奇的灰花纹鹅膏菌，跟美味的鸡枞菌长得十分相似，但它却是一种有剧毒的蘑菇。

大雨过后，有的毒蝇鹅膏菌菌盖上的白点可能会消失。
毒蝇鹅膏菌在世界各地都有分布，是一种常见的毒蘑菇。
毒蝇鹅膏菌有橘黄色、红色和深红色。

毒蝇鹅膏菌的名字来自欧洲。它们能用来制作杀虫剂，喷杀苍蝇，所以叫作毒蝇菌。

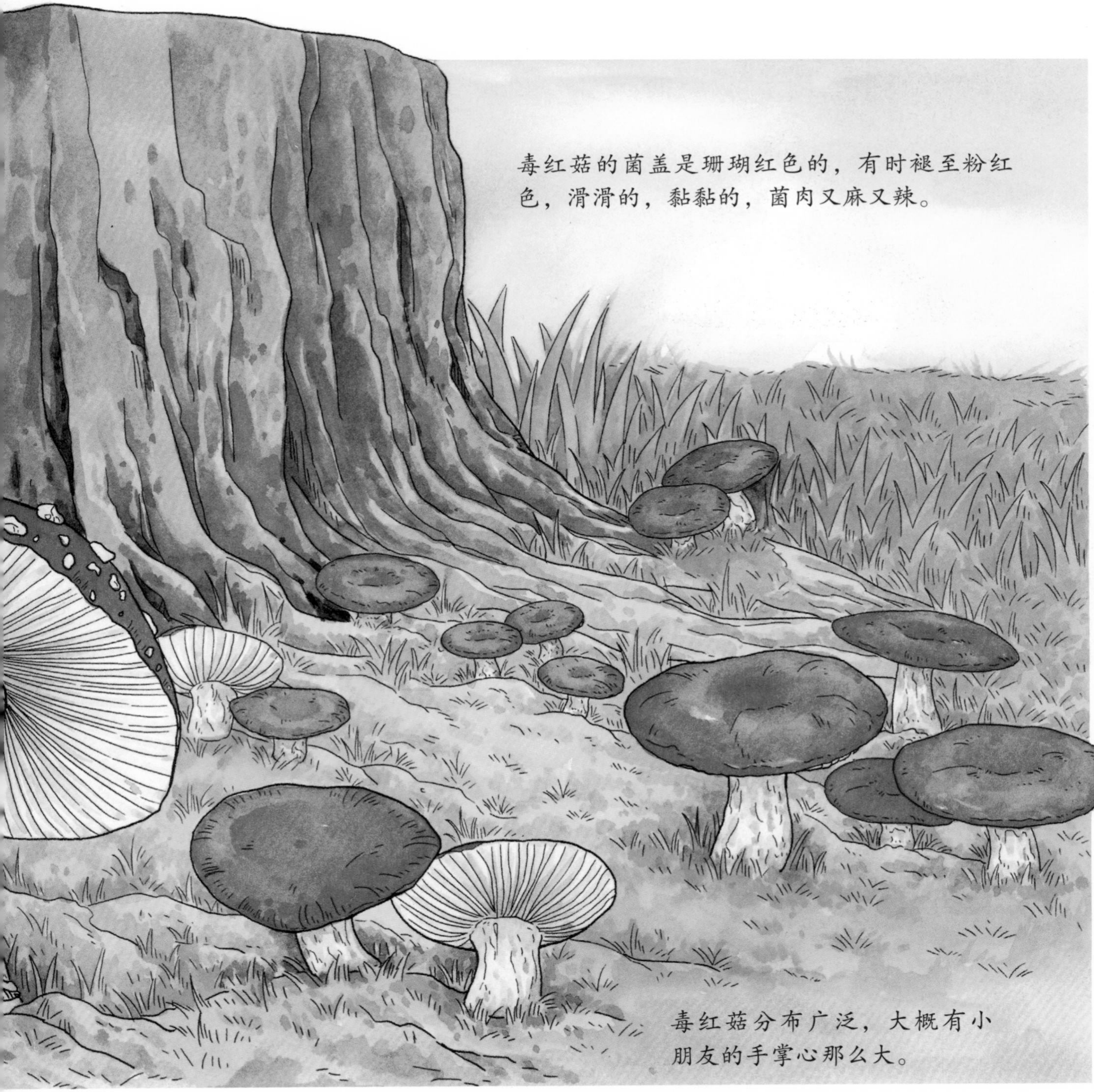

毒红菇的菌盖是珊瑚红色的，有时褪至粉红色，滑滑的，黏黏的，菌肉又麻又辣。
毒红菇分布广泛，大概有小朋友的手掌心那么大。

毒红菇又叫呕吐菇，是一种毒蘑菇。误食后会引发剧烈的呕吐、恶心，还会肚子疼和拉肚子。

灵芝孢子粉
木耳喜欢寄生在阴湿、腐朽的树干上。通常会制成干木耳来保存。
灵芝是古代神话中的神草，不仅可以入药，连它的孢子也会被采集利用。

打着小伞的蘑菇只是真菌家族的一小部分，它们中还有很多长相奇特的种类，很难让人把它们与蘑菇联系在一起。

猴头菇因外形酷
似猴头而得名，
是中国传统的名
贵山珍。
银耳是一种美味的真菌，在它
的生长过程中，需要“好朋友”
耳友菌帮忙吸收营养。

没想到吧，硬硬的像木头的灵芝、软软的木耳、毛茸茸的猴头菇、美味的银耳，它们跟香菇、平菇一样都是蘑菇。

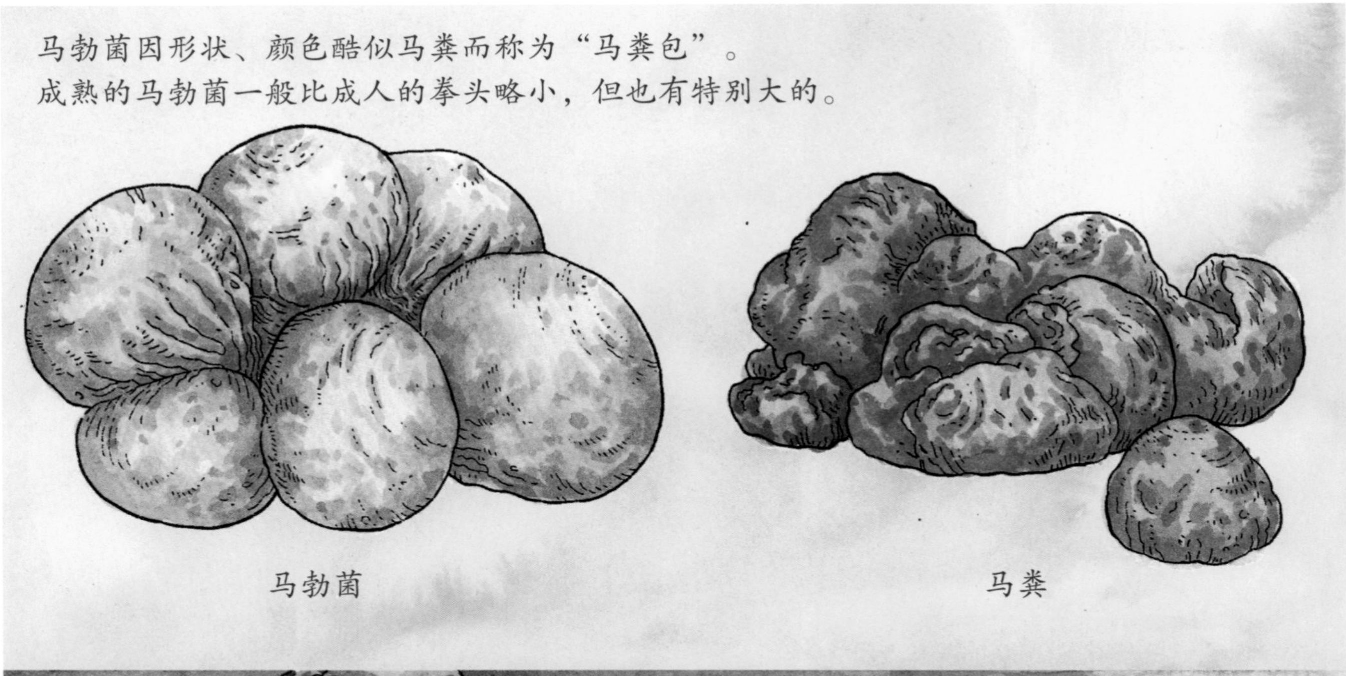

马勃菌因形状、颜色酷似马粪而称为“马粪包”。
成熟的马勃菌一般比成人的拳头略小，但也有特别大的。
马勃菌
马粪

“冒烟”其实是成熟的马勃菌在喷出孢子。
马勃菌一般生长在地下的枯枝落叶层中，多出现在雨水丰沛的七八月份。

在南美洲的热带森林里，当地的印第安人利用马勃菌做“催泪弹”。敌人一旦踩上，就会被冒出的烟雾熏得泪流满面，喷嚏打个不停。

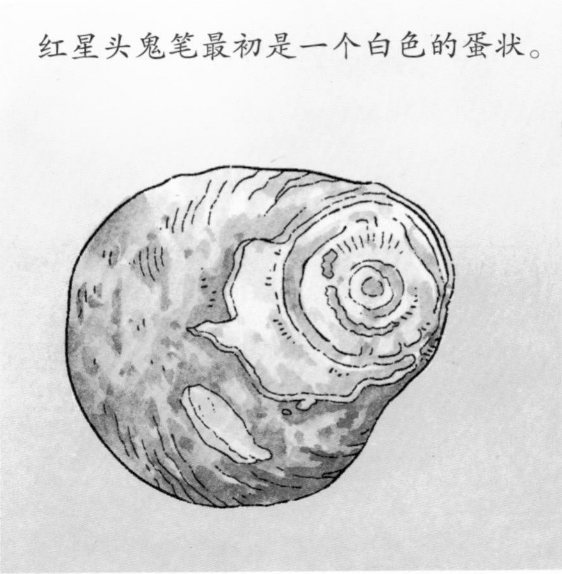
红星头鬼笔最初是一个白色的蛋状。

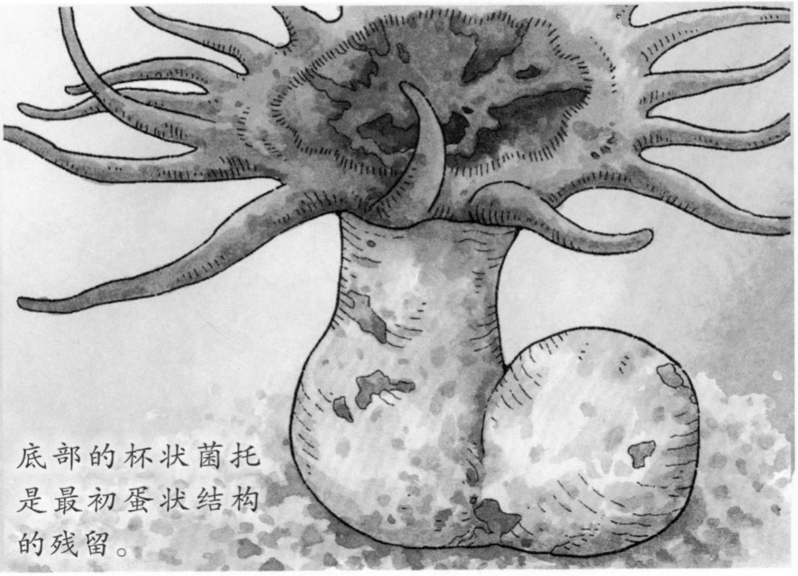
底部的杯状菌托
是最初蛋状结构
的残留。

成熟之后，红色的“触手”从蛋中伸出，并发出恶臭味。

呃！红红的触手像海葵一样，还发出阵阵臭气。

红星头鬼笔在发出警告：“不要碰我！我有毒！”

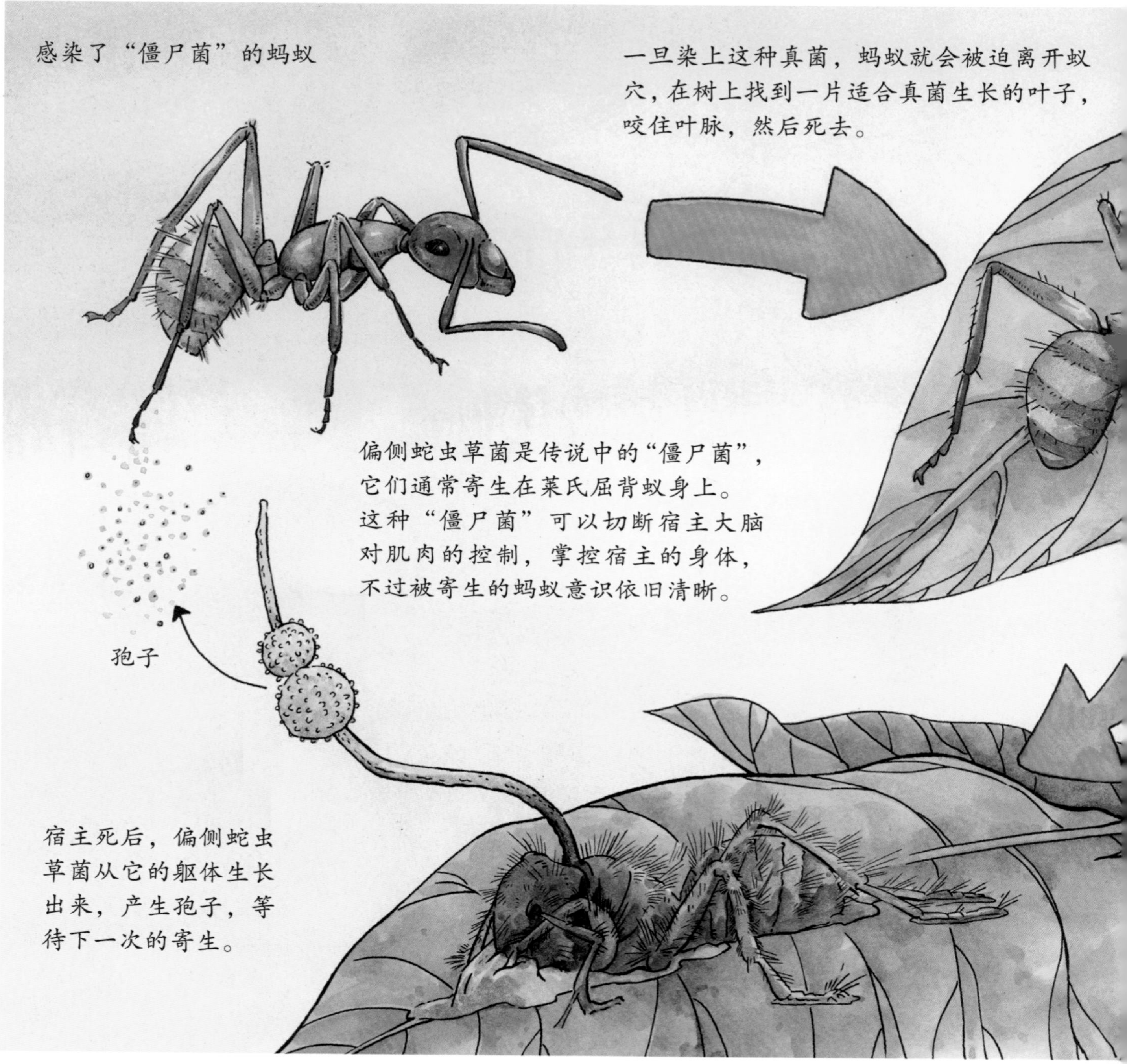

感染了“僵尸菌”的蚂蚁
一旦染上这种真菌，蚂蚁就会被迫离开蚁穴，在树上找到一片适合真菌生长的叶子，咬住叶脉，然后死去。
偏侧蛇虫草菌是传说中的“僵尸菌”，它们通常寄生在莱氏屈背蚁身上。这种“僵尸菌”可以切断宿主大脑对肌肉的控制，掌控宿主的身体，不过被寄生的蚂蚁意识依旧清晰。
孢子
宿主死后，偏侧蛇虫草菌从它的躯体生长出来，产生孢子，等待下一次的寄生。

真菌不但能跟植物共生，还可以寄生在动物身上，甚至能够控制宿主的身体。

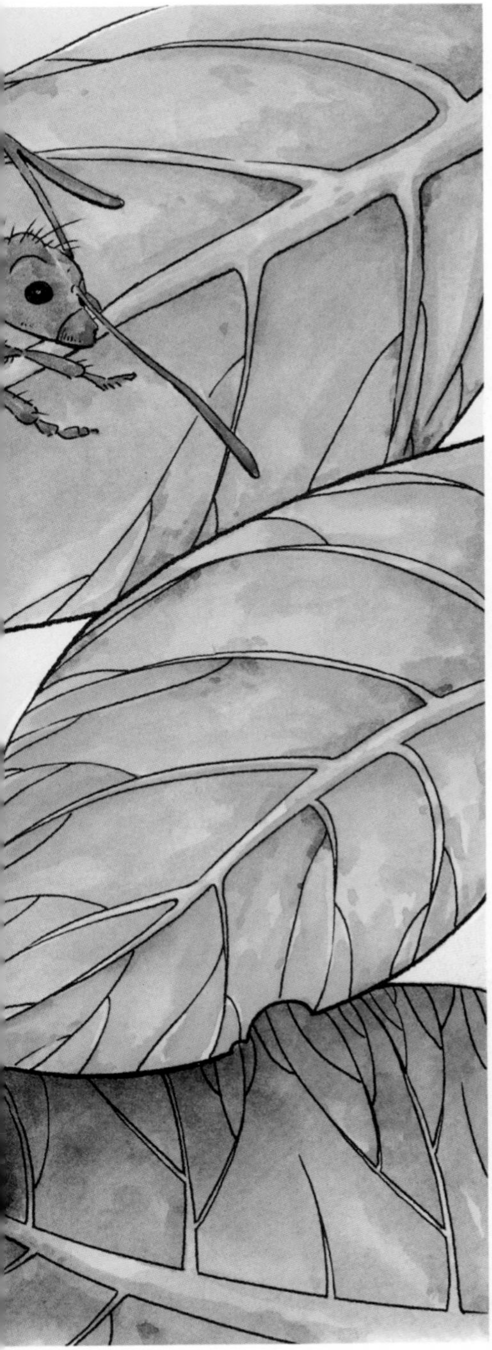

冬虫夏草是冬虫夏草菌寄生在蝙蝠蛾幼虫上的子座和幼虫的尸体的复合体。

蝉拟青霉菌喜欢寄生在蝉科昆虫的身上，趁幼虫休眠之际入侵体内，吸取营养，然后在幼蝉顶部长出子实体，也就是俗称的大蝉草。

可怕的昆虫寄生菌会不会传染人呢？人类的体温在 37℃左右，大多数真菌都无法在这种温度下生存。

青霉素是真菌家族中的一员，作为重要药品，它挽救过无数人的生命。

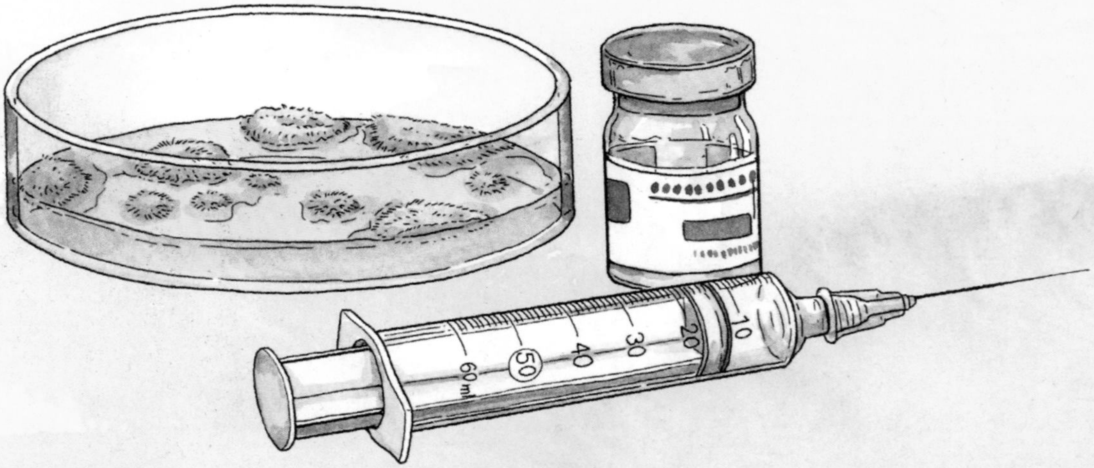

面包酵母菌走进人类的生活已经几千年了，它能够产生气体，让面团更加松软。

“呼——”

面包像吹了气一样膨胀起来！

是谁悄悄地把气放进了面团里？

啤酒酵母可以用来酿造啤酒、酒精和其他饮料。
另外它也含有丰富的营养成分，可作为保健品食用。

米曲霉是中国传统酿造食品
酱和酱油的主要菌种。

还有许多看不见的真菌，它们无声无息地存在于我们生活的方方面面。

什么是什么
奇特的茎叶

什么是什么
美丽的花草

什么是什么
植物的馈赠

什么是什么
不一样的植物

什么是什么
史前动物与身边动物

什么是什么
沙漠动物与水中动物

什么是什么
极地动物与热带动物

什么是什么
地上和地下的动物王国

什么是什么
汽车飞机跑得快

什么是什么
轮船列车肚量大

什么是什么
工程机械好帮手

什么是什么
让一让城市作业车

什么是什么
花样主食和糕点

什么是什么
蔬菜水果要多吃

什么是什么
肉类水产营养多

什么是什么
大豆和调味品的秘密

什么是什么
海洋生物大揭秘

什么是什么
另类海洋生物

什么是什么
海底宝藏探秘

什么是什么
不可捉摸的海洋

什么是什么
奇妙的身体和衣服

什么是什么
身边的科学

什么是什么
物品哪里来

什么是什么
神奇电器仿生学

什么是什么
神奇的地球

什么是什么
善变的地球

什么是什么
地球和恒星

什么是什么
从银河系到宇宙

图书在版编目（CIP）数据

不一样的植物 / 蓝灯童画著绘 . -- 兰州 : 甘肃科学技术出版社 , 2021.4
ISBN 978-7-5424-2819-6

Ⅰ . ①不… Ⅱ . ①蓝… Ⅲ . ①植物 – 普及读物 Ⅳ . ① Q94-49

中国版本图书馆 CIP 数据核字 (2021) 第 061713 号

BUYIYANG DE ZHIWU
不一样的植物
蓝灯童画 著绘

项目团队 星图说
责任编辑 宋学娟
封面设计 吕宜昌

出 版 甘肃科学技术出版社
社 址 兰州市城关区曹家巷1号新闻出版大厦 730030
网 址 www.gskejipress.com
电 话 0931–8125103（编辑部）0931–8773237（发行部）

发 行 甘肃科学技术出版社 印 刷 天津博海升印刷有限公司
开 本 889mm × 1082mm 1/16 印 张 3.5 字 数 24千
版 次 2021年10月第1版
印 次 2021年10月第1次印刷
书 号 ISBN 978–7–5424–2819–6 定 价 58.00元

图书若有破损、缺页可随时与本社联系：0931–8773237
本书所有内容经作者同意授权，并许可使用
未经同意，不得以任何形式复制转载